探秘细菌王国

会魔法的细菌队长

[以色列] 查娜·盖贝 文/图　程少君/译

天地出版社
TIANDI PRESS

图书在版编目(CIP)数据

会魔法的细菌队长 / (以)查娜·盖贝文、图; 程少君
译. —成都: 天地出版社, 2020.9
(探秘细菌王国)
ISBN 978-7-5455-5803-6

Ⅰ.①会… Ⅱ.①查… ②程… Ⅲ.①细菌−少儿读
物 Ⅳ.①Q939.1-49

中国版本图书馆CIP数据核字(2020)第111477号

Captain Bacterium
Text and illustrations by Chana Gabay
Copyright © 2018 BrambleKids Ltd
All rights reserved

著作权登记号　图字: 21-2020-203

HUI MOFA DE XIJUN DUIZHANG
会魔法的细菌队长

出 品 人	杨 政		责任编辑	曹 聪
著 绘 人	[以色列] 查娜·盖贝		装帧设计	霍笛文
译 者	程少君		营销编辑	陈 忠 魏 武
总 策 划	陈 德 戴迪玲		版权编辑	包芬芬
策划编辑	李秀芬		责任印制	刘 元 葛红梅

出版发行	天地出版社
	(成都市槐树街2号 邮政编码:610014)
	(北京市方庄芳群园3区3号 邮政编码:100078)
网 址	http://www.tiandiph.com
电子邮箱	tianditg@163.com
经 销	新华文轩出版传媒股份有限公司

印 刷	北京瑞禾彩色印刷有限公司		印 张	7.2
版 次	2020年9月第1版		字 数	90千字
印 次	2022年4月第5次印刷		定 价	98.00元(全4册)
开 本	889mm×1194mm 1/20		书 号	ISBN 978-7-5455-5803-6

你好呀，我是细菌队长！

虽然我的个头很小，但是我和细菌家族的其他成员一样，非常

非常

非常重要！

我统领了一支细菌大队，我们负责保护你的身体健康。

立正！

接下来我说的话非常非常重要，请仔细听哟！我会告诉你有关我及我带领的细菌大队的一切。你一定很好奇，我们会使用什么样的武器来对抗病毒和有害细菌！

细菌，细菌，细菌……
在这里，在那里，我们无处不在。

细菌是地球上最古老的生命，数量比其他任何生命的数量都多。

你的周围处处都是细菌。事实上，在你的身体内部和身体表面的皮肤上也都有细菌，这些细菌的总数甚至超过了组成人体的几十万亿个细胞的数量。

你可能会问："这些细菌都是从哪儿来的呀？又是怎么跑进我的身体里的呢？为什么细菌要在我这儿安家？"

好吧，让我从头开始讲起……

3

你和细菌的**初次相遇**是在你出生之前——当你还在妈妈肚子里的时候。

细菌通过妈妈的胎盘进入你的体内。胎盘是妈妈子宫里能够带给你营养并且保护你的器官。

你可能不会相信，在我们相遇之后，你就变成"半人半细菌"的生物啦！千万别被吓到哟，这个时期的你还处于"胚胎时期"，你被称为"胎儿"。

科学家发现，人类胎儿机体里的细菌其实是有益于胎儿早期发育的**调节因子**。

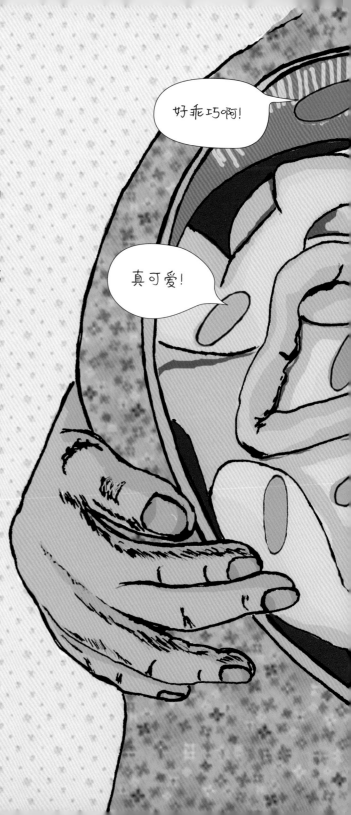

4

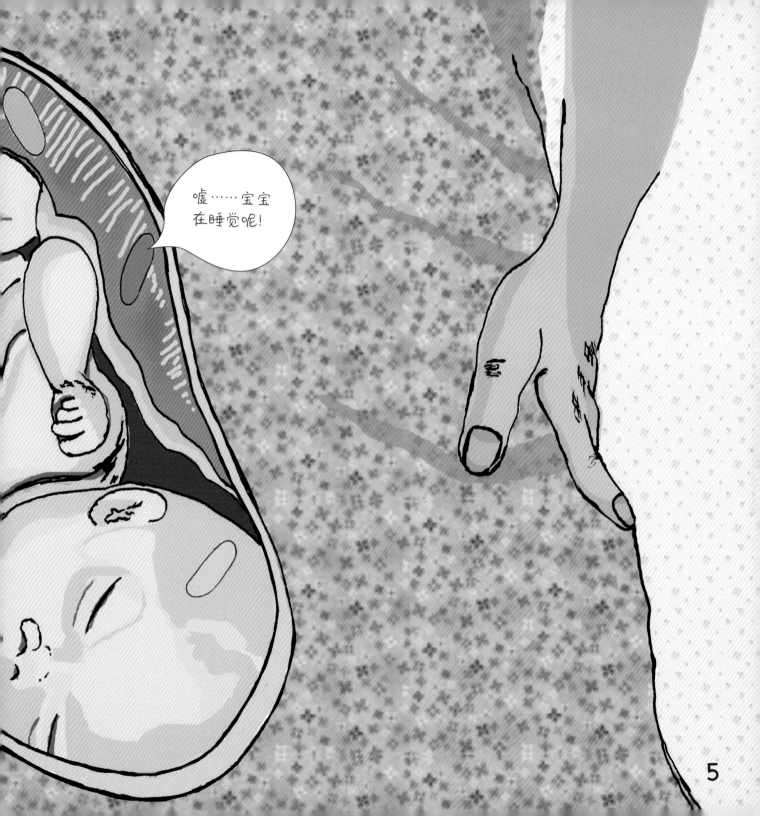

在你出生的那天，当你经过妈妈的产道时，你会遇到更多的细菌。产道是你从妈妈的子宫去往外界的通道。

什么是微生物组?

微生物组是人体内所有细菌的统称。你身上不同的部位都有各自的细菌种类。比如，像牙齿这样的坚硬部位和脸颊（或舌头）这样的柔软部位所拥有的细菌是不一样的。

你经过妈妈的产道时一路收集细菌的过程，其实是一个非常重要的开始——你正在建立起自己的微生物组。微生物组将与你的身体系统合作，一起保护你免受疾病困扰，同时改善你的新陈代谢。

欢迎！

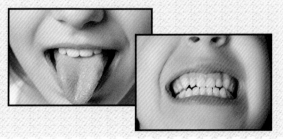

像皮肤这样干燥表面的细菌与人体内湿润表面（比如肠道内壁）的细菌也不相同。

每种细菌虽然职责不同，但对于你们人类来说都同样重要。

每隔几分钟，你的微生物组中的细菌就会分裂、繁殖一次。

你的内脏需要**3年**的时间才能收集到所需要的全部细菌。

这些细菌来自于你周围的一切——你呼吸的空气、喝的水、吃的食物，以及你住的房间、去过的地方、玩过的玩具……

实际上，**细菌来自于你接触过的任何东西**，甚至你的朋友在你身边打了一个哈欠，也能给你带来很多很多细菌！

等你长到3岁的时候，你就拥有了自己的全套微生物组——包含成百上千种有益细菌，其重量能达到2千克呢！

你的微生物组由上千种细菌组成。如果说某些细菌非常适合你的肠道，那就意味着它们喜欢你的肠道环境，还喜欢"吃"你的食物。

每个人体表和体内都有截然不同的细菌组合，即便两个人是同卵双胞胎，他们体内的细菌组合也是完全不一样的。

你在妈妈的产道中遇到的首批细菌之一就是**乳杆菌**。乳杆菌是你从出生起就需要的菌种。如果没有它们，你连母乳都消化不了！

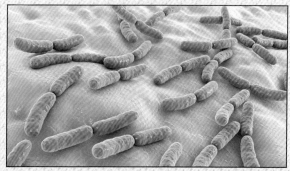

像图中这样的乳杆菌在母乳中就可以找到。

当你还是个小婴儿的时候，你从妈妈那里吃到的第一口奶叫作初乳，其中包含细菌和其他能够保护你的重要元素（蛋白质、维生素等等）。随后你吃到的母乳会带给你更多的**抗体**——帮助你的免疫系统对抗疾病和有害细菌的物质。

11

现在你明白了吧！从你出生起，你就在收集适合生活在自己身体里的细菌啦。

这只是个开始。越来越多的细菌会从四面八方赶来，加入到你身体里的这个微观世界中来。不过，与有益细菌不同，有一些新来者并不受欢迎。

别担心！住在你身体里的细菌大部队将保护你，让你免受任何入侵者的攻击。这支部队是你身体防御系统的一部分，人们称之为**免疫系统**。

白细胞是免疫系统的士兵，它们不仅能抗击入侵者，假如再次遇到旧敌，甚至还能记起曾经用过哪些武器来打败敌人！

13

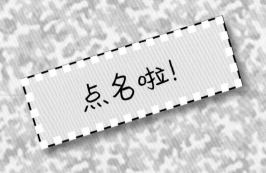

点名啦!

现在该认识一下巨噬细胞了,它们是你的免疫系统中块头最大的士兵。

巨噬细胞是人体中最大的血细胞。"巨"意味着"大型的","噬"则是"捕食者"的意思。

它们四处游动,一口吞下任何不属于你的或者已经受损的东西,包括那些让你生病的坏蛋。

报告队长!
全体集合完毕!

接下来该介绍淋巴细胞了。

淋巴细胞的一个小分队叫T细胞，它们负责在你的体内搜寻不同于健康细胞的细胞，然后——杀掉这些细胞！

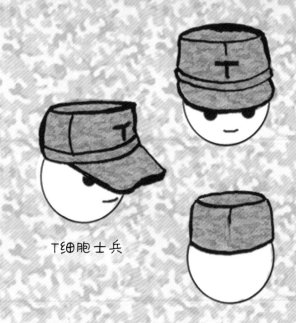

T细胞士兵

T细胞还要协助淋巴细胞的另一个小分队——B细胞工作。B细胞负责站岗，警惕外部入侵者的入侵。它们一旦看到敌方的抗原，就会分泌抗体奋起反抗。

抗原通俗地讲就是大多数进入人体的外来物质，比如病毒、有害细菌等各种各样的病原微生物。

B细胞士兵

15

任何抗原都逃不过抗体的火眼金睛。每个抗体都有一个与之配对的抗原，识别起来不费吹灰之力。

抗体认出抗原后就立刻与之配对，它们的配对方式就像是一把钥匙开一把锁，而一旦锁被打开，抗原就危险了——很快就会被消灭。

能够消灭某些抗原的抗体，在你出生之前，就已经从你妈妈的身体里传递到了你的体内。

抗体是由于抗原的刺激而产生的具有保护作用的**蛋白质**。蛋白质则是构成人体组织器官的支架和主要物质，在人体生命活动中起着重要作用。你每天饮食中的蛋白质主要来源有两大类：一类是动物性蛋白质，如瘦肉、鱼类、蛋类和乳类等；另一类是植物性蛋白质，如豆类、谷类和薯类等。

17

抗体并非独自作战。

你的**免疫系统**由很多部分构成——器官、组织、细胞和蛋白质等。它们协同工作，在你的身体里组成一个安全关卡。无害的物质可以留下来，任何可能导致你生病的可疑物质都会被拒之门外或者被消灭掉。

头号公敌

病毒是居住在人类和动植物体内的一种微粒，由其内部的核酸和外部的蛋白质外壳组成。病毒不进食、不呼吸，不能独立生存，只有寄生在活细胞里才能进行生命活动。一旦进入宿主细胞，病毒就会在那里进行自我繁殖，从而引发疾病，如普通感冒、流感、水痘、麻疹和许多其他疾病。

麻疹会引起发痒。

感冒则会让你打喷嚏和流鼻涕。

19

免疫系统的主力成员主要居住在你的肠道中。因为大部分会伤害你的物质（灰尘、化学物质、有害细菌、病毒等）都从位于你消化系统顶端的口腔进入你的体内，并最终抵达肠道。

免疫系统在肠道中对细菌进行分类，然后决定把谁扔出去或者把谁留下来。

我要提醒你注意的是，生活在你肠道中的细菌可是有好有坏——有益细菌和有害细菌一直处于共存的状态。

二号公敌

原生生物的单细胞结构非常独特，与其他生物完全不同。从下图中可以看出，原生生物大小不同、形状各异。你可别小瞧它们，原生生物和人类的寄生虫病息息相关。目前已知有20多种原生生物是寄生虫，而不深加工肉类食物、饭前不洗手等不健康的生活习惯则容易让你接触到这些寄生虫。

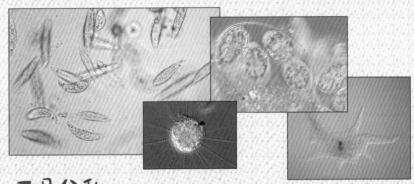

三号公敌

真菌是具有复杂细胞结构的有机体，可以生活在陆地上、水里和空气中，就连动植物体内都能发现真菌的身影。有的真菌非常非常小，需要用显微镜才能看到；有的则非常非常大，可以覆盖森林的大片区域。

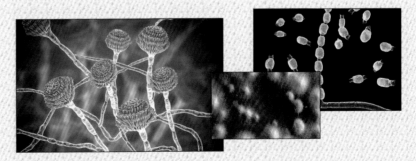

你一定想象不到自己的肠道有多大！假如把一个成年人的肠道摊平，完全可以覆盖一整个网球场！肠道内每时每刻都在发生着许多事情，所以必须要有足够大的空间才行。肠道里有一大批像我这样的**细菌队长**，我们都是有益细菌，对免疫系统中的各种"士兵"发出各种命令，以维持你的身体健康。

希波克拉底

（约公元前460－公元前377年）

希波克拉底是一名古希腊医生，生活在距今2,400多年前。他说过"**所有疾病都始于肠道**"，真的一点儿也没错！肠道对于健康来说非常重要，你的微生物组的大部分成员也都在这里。人们称希波克拉底为"医学之父"，他的医学观点对以后现代医学的发展有巨大影响。直到现在，很多医生都在研究他的各种医学观点。

肠道聚集了你的大部分免疫系统。其他的免疫系统成员则存在于骨髓、脾脏和淋巴结中。

你的**扁桃体**就是位于喉咙两侧的两个淋巴结。当你的免疫系统开始工作时，扁桃体有时会肿胀起来。

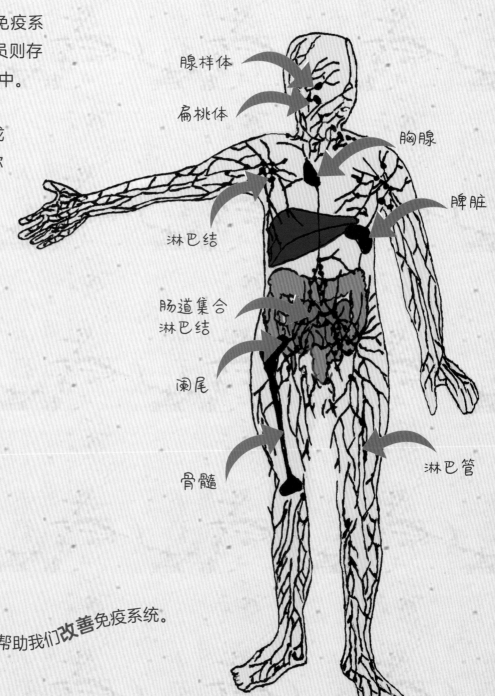

腺样体

扁桃体

胸腺

脾脏

淋巴结

肠道集合淋巴结

阑尾

骨髓

淋巴管

幸运的是，医学科学可以帮助我们**改善**免疫系统。

两位著名科学家

爱德华·詹纳是生活在250年前的英国医师，当时天花这种致命传染病还没有治疗方法。

詹纳因发明了预防天花的人造抗体而闻名于世。1778年，詹纳的实验证明天花抗体的确存在。只要给健康的人注射一种从患有牛痘的牛身上提取的物质，人体就能自我防御，而牛痘是与天花类似的传染病。

法国化学家和微生物学家**路易斯·巴斯德**生活在19世纪。继詹纳之后，他发现弱毒性的抗原能够使人类获得对毒性较强的同类抗原的免疫力。他将这种弱毒性的抗原称作**疫苗**。

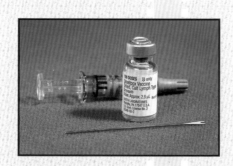

这种注射物让人体内的抗体群起反抗天花病毒。如今，天花已经被彻底铲除。

天花疫苗

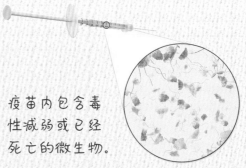

疫苗内包含毒性减弱或已经死亡的微生物。

如果你想对某些疾病免疫，最好的办法是让医生给你打一针疫苗。

疫苗是指用各类病原微生物制作的用于预防接种的生物制品。疫苗一旦被注入你的体内，就会使得你的免疫系统被激活，仿佛你面临的是真正的病原进攻。

疫苗一旦进入你的体内，你的免疫系统就会即刻投入战斗，并记住这场战争。如此一来，以后如果出现真的入侵者，你的免疫系统就能迅速迎战，采用上次击退疫苗的方式打败入侵者，保护你免受疾病的困扰。

很多疾病都已经找到了疫苗，如白喉、破伤风、脊髓灰质炎、乙型肝炎、脑膜炎、麻疹、腮腺炎、风疹、百日咳和肺结核等。

你的免疫系统和疫苗一起维持着你的身体健康。

如果免疫系统无法正常工作，那么任何有害物质都可以入侵你的身体。它们有时会假扮成其他东西潜入你的体内，一旦入侵成功，你就会生病，有时甚至是很严重的疾病。

好在有我这个细菌队长！我的细菌大队十分靠谱，总能抓住这些坏蛋！我们昼夜不停地监控敌情，提醒、培训和指导你的免疫系统开展工作。

与此同时，你也要做好配合工作哟！你需要保护好自己的免疫系统，这样才能更好地配合我们。那么你该如何保护自己的免疫系统呢？翻到下一页！

保护免疫系统

勤洗手

想要阻止有害细菌传播，最简单的方式就是勤洗手。用水和普通肥皂就能把有害细菌冲走啦！记住，多用肥皂！

吃营养丰富的食物

多吃水果、蔬菜、坚果和粗纤维谷物，就能让有益细菌健康生长。另外，有益细菌也喜欢酸菜、酸奶等发酵食品。每天要吃不同种类的食物，因为不同的细菌喜欢的食物也不同。

多运动

为了确保骨骼强健、身体健康，你每天需要运动至少30分钟。

充足的睡眠

一些抗病物质（如激素、蛋白质等）会在我们熟睡的时候分沙和释放出来。它们能帮助我们抵抗感染。

记住……

如果你感到身强体壮，那都是我这个细菌队长、我的细菌大队和你的免疫系统共同的功劳。我们各尽其职、团结友爱，让你保持健康！

关于作者

查娜·盖贝博士在孩童时期便对医学产生了浓厚的兴趣。她在高中时就加入了以色列魏茨曼学院的一个医学研究小组。高中毕业后，她考上了以色列著名的本·古里安大学，获得临床医学学士和生物学学士双学位。后来，又在希伯来大学攻读了医学硕士和博士学位。毕业后，盖贝博士在医院工作了7年。如今，她致力于癌症领域的科研工作，以及藻类、细菌、真菌、植物细胞、果蝇、小鼠细胞系和人类淋巴瘤等有机体的研究。此外，盖贝博士也是著名的医学文献和医学书籍译者。

这套书是盖贝博士创作的第一套童书，最初的构想是为她的孩子创作一套适龄的微生物科普读物。在创作这套书的过程中，作者不仅用生动、幽默的语言，准确地讲述了细菌的知识，而且还绘制了萌趣可爱、脑洞大开的插图。

图片来源

献给我的孩子们：
希莱勒、德瓦士和阿嘎姆。